NOUVELLES

CONSIDÉRATIONS,

SUR

LE PLANISPHÈRE DE DENDÉRAH,

TRANSPORTÉ ENFIN A PARIS;

Ouvrage où l'on démontre, *par le Système antique de Projection qui y est employé*, que ce Monument n'offre autre chose que *la Sphère d'Hipparque ou d'Aratus*, telle qu'elle est figurée sur le *globe Farnèse;*

CONSIDÉRATIONS CONFIRMÉES,

PAR LA LECTURE DES NOMS DES ROIS GRECS ET DES EMPEREURS ROMAINS, SUR LE TEMPLE DE DENDÉRAH;

ET PRÉCÉDÉES

DE DEUX ARTICLES PUBLIÉS PAR NOUS, SUR CE ZODIAQUE,

ET D'UN COURT EXTRAIT DU QUARTLY-REVIEW.

PARIS, 1821.

RÉIMPRIMÉ ET ANNOTÉ EN 1835.

ÉPERNAY, IMPRIMERIE DE WARIN-THIERRY ET FILS.

AVERTISSEMENT.

Lorsqu'en janvier 1822, et par des motifs un peu moins nobles, que ceux que se plaît à supposer M. *Aimé-Martin*, le Planisphère de Dendérah, enlevé à la mystérieuse Egypte, eut enfin été transporté à Paris, et y fut devenu l'objet d'une *très-lucrative spéculation*, il nous fut avec soin interdit de l'approcher, nous dont les Mémoires, lus en 1820, avaient provoqué son enlèvement!!! Et ce ne fut, que lorsqu'il eut été placé au Louvre, puis ensuite à la Bibliothèque du Roi (1), qu'il nous fut enfin permis de le voir et d'en examiner la projection.

Ce fut alors, que nous pûmes composer l'Opuscule que l'on va lire, et où il nous était possible pour la première fois, d'exposer des mesures précises ; ce fut alors aussi, que, malgré les emprunts que M. *Biot* nous avait faits et les obstacles apportés par M. *Saulnier* et par lui, à ce que nous vissions le Planisphère, nous réclamâmes devant l'Académie des Sciences et dans ce nouvel écrit, *et en termes plus que modérés*, contre ces étranges procédés d'un académicien qui aurait dû, ce nous semble, nous seconder, et non pas nous dépouiller.

Mais, avant cette publication qui eut lieu, peu a-

(1) Dans la Salle où il est placé, et où il se dégrade infiniment par l'humidité et les gelées de l'hiver, on a eu l'impardonnable maladresse de le coucher de côté, au lieu de le placer dans le sens naturel, et dans la direction sous laquelle on le voyait à DENDÉRAH.

près la lecture des mémoires de M. *Biot* à l'Académie des Sciences, et avant l'impression de son Livre sur ce Planisphère, une foule de brochures, dont nous donnons les titres dans notre *Réfutation des anciens et des nouveaux Mémoires* de cet académicien (1), avaient été publiées sur ce curieux monument : et nous-même nous avions écrit dans les journaux, deux Lettres, ou Fragmens qui s'y rattachent, et que nous insérons ici, aussibien que l'extrait fort court, donné dans le *Quartly Review*, sur notre nouvel opuscule. En joignant ces nouveaux détails, à ceux que nous avons donnés dans notre Aperçu, publié en 1821 et réimprimé ici, on aura donc ainsi, l'histoire complète de cette importante controverse.

(1) Voyez le Mémoire qui suit celui-ci.

EXTRAIT

DU JOURNAL DES DÉBATS,

DU 7 DÉCEMBRE 1821.

LETTRE DE M. DE PARAVEY

AU RÉDACTEUR.

Paris, 2 décembre 1821.

Monsieur,

Vous avez cru à juste titre, que l'arrivée prochaine à Paris, du Planisphère complet et fort curieux, sculpté au plafond de l'une des salles latérales du grand temple de Dendérah en Egypte, appellerait l'attention de toutes les personnes instruites et éclairées qui sont abonnées à votre estimable journal; et vous n'avez pas attendu que les journaux de Saint-Pétersbourg s'occupassent de cet important monument, pour en entretenir vos lecteurs. Mais, aussi-bien que ces journaux du Nord, vous avez été induit en erreur lorsque vous avez paru croire, en traduisant l'article publié par eux à cet égard, que l'opuscule de M. l'abbé *Poczobut* pouvait jeter du jour sur l'explication du monument qui nous arrive.

L'opuscule de M. l'abbé *Poczobut*, que je suis parvenu à me procurer, ne parle nullement du Planisphère, enlevé avec tant de hardiesse et de succès, au fameux temple de Dendérah; mais il traite d'un autre monument astronomique, qu'offre encore ce même temple de Dendérah, et qui, probablement, détaché bientôt par les Anglais, viendra enrichir aussi, leurs Musées déjà si riches en monumens égyptiens, et les empêchera d'envier la nouvelle conquête, que la terre antique des Pharaons et des Ptolémées vient de nous livrer.

Cet autre monument astronomique, ne présente pas une projection *circulaire*, comme celui que nous allons posséder; mais il offre, sur deux grands espaces *rectangulaires*, le développement en deux parties, des douze signes du Zodiaque; et il appartient, au plafond de ce vaste et majestueux Portique, que les habitans de la ville et du nôme de Dendérah, construisirent, vers le commencement de notre ère, et qu'ils dédièrent à VÉNUS GRANDE DÉESSE, pour la conservation de *Tibère*; comme l'atteste une Inscription, encore subsistante jusqu'à ce jour, et savamment discutée, dans le *Journal des Savans* (cahier d'août 1821).

L'opinion de M. l'abbé *Poczobut*, fondée d'ailleurs, sur une raison qui ne peut en être une, sur une *main*, où il lui semble voir une indication *du lieu du solstice*, et qui se retrouve en vingt autres endroits dans ce Zodiaque rectangulaire, ne peut donc être d'aucun poids, pour la discussion de l'âge, du Planisphère qui nous occupe et dont cet astronome estimable, ne paraît avoir eu aucune connaissance.

Mais on lui doit la justice de déclarer, que malgré le dessin fort inexact qui lui fut communiqué du Zodiaque du portique, il avait soupçonné dans ce zodiaque rectangulaire, une graduation que d'autres considérations nous démontrent aussi, devoir en effet s'y trouver, et que nous avons fait prier le célèbre M. Salt, résident anglais en Egypte, de vouloir bien vérifier sur le monument lui-même.

Cette vérification mettra hors de doute, nous osons du moins nous en flatter, l'âge moderne que l'Inscription du Portique, aussi-bien que la perfection de ses sculptures, semble déjà assigner à ce Temple, si bien conservé, de la ville de Dendérah; mais déjà, dans des Mémoires que nous avons lus, dans l'été de 1820, à l'Académie des Sciences, Mémoires qui ont été long-temps examinés par le docte et célèbre auteur de l'Histoire de l'Astronomie ancienne et moderne, M. Delambre, nous croyons avoir établi, d'une manière positive et mathématique, que ces monumens étaient *peu anciens*, et ne pouvaient être dûs, qu'à l'*école fameuse d'Alexandrie*.

M. Delambre, au nom de MM. Ampère et Cuvier, désignés avec lui, pour l'examen de mes Mémoires, par l'Académie des Sciences, s'exprime en effet ainsi, dans la note jointe à son rapport détaillé, inséré dans le T. VIII des *Nouvelles Annales de Voyages* :

« On peut soutenir avec beaucoup d'apparence, qu'on a fort
» exagéré l'ancienneté des Sculptures égyptiennes : tous les
» calculs mentionnés ci-dessus, et beaucoup d'autres que nous
» avons faits dans des hypothèses différentes (de celles de M. de
» Paravey), tout nous ramène à cette conclusion, que *toutes
: ces Sculptures sont postérieures à l'époque d'Alexandre : nous
» les croirions même du temps de l'astronome Ptolémée; mais*

» nous ne donnons cette assertion que comme une opinion qui
» nous est particulière.... »

Et M. le Baron Cuvier, dans l'éloquent *Discours sur la théo-*
rie de la terre, qui précède la nouvelle édition de ses RECHER-
CHES SUR LES OSSEMENS FOSSILES, donnant un tableau aussi
exact que savant, de toutes les hypothèses émises jusqu'à ce
jour, sur les monumens astronomiques découverts en Egypte,
en tire à peu près les mêmes conclusions que M. Delambre
avait déduites de notre travail, et veut bien citer nos résultats
comme nouveaux, et comme n'étant point sans intérêt dans
la discussion de cette question importante.

M. le Baron de ZACH enfin, si connu dans toute l'Europe
savante par sa CORRESPONDANCE ASTRONOMIQUE, veut bien nous
écrire de Gênes, à la date du 15 juin 1821 : « Relativement
» à la prétendue haute antiquité des monumens astronomiques
» découverts en Egypte, je dois vous avouer franchement une
» chose, c'est que j'ai le malheur d'être de votre opinion, et
» que j'en ai été, avant de savoir que vous aviez travaillé, mé-
» dité et écrit sur ces sujets. »

Fort de l'opinion d'hommes aussi célèbres et aussi instruits,
je crois donc, que l'on peut attendre avec confiance, *et sans*
aucune inquiétude sur la certitude de la Chronologie admise jusqu'à
ce jour, le Monument que l'on nous annonce, et qui va per-
mettre de vérifier, jusqu'à quel point y est exacte, *la projection*
faite sur le pôle de l'équateur que j'ai cru retrouver sur le
dessin, nécessairement peu fidèle, inséré dans la Description
générale de l'Egypte; projection, qui démontre (si je ne me
trompe), que ce Planisphère est postérieur à l'origine de notre
ère; et je pense avoir fait une chose utile, en indiquant à vos
lecteurs, les savans écrits où ils pourront puiser, quelques lu-
mières, sur cette belle et importante question chronologique.

Agréez, etc, etc.

Ch.^{er} DE PARAVEY,

Membre du Corps Royal du Génie des P.^{ts} et Ch.^{ées}

(8)

EXTRAIT DE LA QUOTIDIENNE ,

DU 27 OCTOBRE 1822.

De l'antiquité des Zodiaques égyptiens.

On a beaucoup écrit sur le Zodiaque de Dendérah. M. de Paravey, un des savans qui ont le plus étudié tout ce qui a rapport aux antiquités astronomiques, nous communique un article, où il présente quelques idées tout-à-fait nouvelles, sur ce fameux Monument, ou plutôt sur d'autres Édifices semblables. Car jusqu'ici, on a feint de croire que ce monument était unique, et l'on s'imaginait par là, lui donner beaucoup plus d'importance. Les observations suivantes, ont donc cet intérêt particulier, que tout en détruisant les calculs de certains Savans, elles déconcertent le projet formé de laisser le monde dans l'ignorance, sur une foule de BAS-RELIEFS de ce genre, antérieurs peut-être à ceux de Dendérah, et dont on n'a jamais songé à tirer parti contre la foi. Voici les réflexions de M. de Paravey :

«Des esprits étroits, des personnes que la moindre objection épouvante, avaient paru désirer que l'acquisition du monument de Dendérah n'eût pas lieu. En voyant avec peine les livres de *Dupuis* et de *Volney*, monstrueux assemblage d'une fausse science et d'une apparente érudition, se colporter non-seulement dans les moindres hameaux, mais encore dans toute l'Europe, et jusqu'aux extrémités de la Russie, ces hommes semblaient craindre, que l'exposition de ce Monument ne servît à répandre avec plus d'activité encore, ces idées d'une antiquité du monde indéfinie, qui ne tendent à rien moins qu'à anéantir l'autorité des Livres saints, et à détruire toute idée de religion.

»S. M., dans sa haute sagesse, en a jugé autrement, et nous osons ici, pour notre faible part du moins , lui en rendre grâce : admis il y a un an, à l'honneur de lui présenter l'esquisse de nos travaux sur ce Monument si curieux , nous avions pu voir déjà que, digne petit-fils de Louis-le-Grand, ce n'était point en comprimant l'essor donné aux recherches des Savans, que S. M. voulait protéger la Religion, mais au contraire, en favorisant tous les travaux qui doivent un jour, et plutôt qu'on ne le pense peut-être , la faire triompher de nouveau , de notre superbe incrédulité.

» Ce n'est point sans l'intervention de la Providence, en effet, que les résultats des découvertes géologiques les plus inespérées , des traditions recueillies dans les voyages les plus modernes, et de l'étude comparative des langues chez tous les peuples anciens et modernes, nous amenaient également, à ces conséquences si importantes , par lesquelles on établit :

1° Que l'homme est moderne sur la terre, puisque nulle part on ne trouve comme ceux des animaux, ses ossemens pétrifiés;

2° Que le Déluge a eu lieu, et n'a pas eu lieu depuis une époque fort ancienne ; toute la civilisation actuelle étant d'une origine fort moderne, et l'histoire ne remontant chez aucun peuple , avant l'époque qu'assigne Moïse, pour ce grand Cataclysme;.

3° Que le genre humain est sorti d'un même lieu; puisqu'on retrouve, entre toutes les Langues les plus étonnantes identités, et que par exemple, on a actuellement la certitude , que les anciens Romains , les anciens Grecs , les anciens Persans , les Germains et les Indous, ont tous parlé la même Langue , ou du moins des Langues infiniment rapprochées;

4° Que les Traditions antiques , consignées dans le livre de Moïse, se retrouvent, non-seulement chez tous les peuples de l'ancien continent, mais encore aux extrémités de la haute Asie, et jusques dans le nouveau monde, d'où M. de Humboldt a rapporté les Histoires *de la femme au serpent, du déluge, de l'arche, de la dispersion,* etc. ; traditions, établies avant les Espagnols et la conquête de ces pays, et de toute authenticité;

• Ce sont des faits de cette nature, qui bien mieux que des dissertations ex-professo, peuvent combattre dans l'esprit de toutes les personnes sensées , mais peu versées dans les calculs de l'Astronomie , cette monstrueuse antiquité que l'on a voulu attribuer à l'origine de la Sphère, et aux Zodiaques découverts en Egypte : antiquité absurde , et dont rougissent actuellement ceux qui les premiers avaient voulu l'établir.

» Mais d'autres considérations sont venues, d'une manière plus directe encore, infirmer tous ces prétendus calculs mathématiques , sur lesquels on n'avait plus à revenir , osait-on dire.

» Partant de cette supposition fort gratuite, que les Monumens égyptiens, remontent à des milliards d'années, les mêmes écrivains qui établissaient cette antiquité, affirmaient avec toute leur intolérance philosophique , que depuis des milliers d'années aussi, l'intelligence des Hiéroglyphes égyptiens était totalement perdue; et cependant un Officier de l'un des Corps du Génie, à cette même époque de l'expédition en Egypte, faisant tracer un fort à Rosette, retrouvait dans les débris d'un ancien temple que l'on fouillait, un monument dont les Anglais s'emparèrent ensuite, mais dont la haute importance fut heureusement sentie par lui; c'était une Stèle fort épaisse, couverte sur un tiers de sa surface, d'hiéroglyphes symboliques, tels que ceux des Bas-reliefs des temples; sur un autre tiers, de caractères cursifs, tels que ceux des manuscrits, que l'on trouve dans les caisses des momies; sur le troisième tiers enfin, d'une Inscription grecque, qui donnait à ce monument une valeur inappréciable, et qu'il soupçonna avec raison, devoir être la traduction des deux Inscriptions supérieures.

» Ses soupçons étaient fondés. Il fut reconnu bientôt, que ces inscriptions égyptiennes, n'étaient que la traduction du décret, rendu en l'honneur d'un des Ptolémées, par les prêtres de Memphis. Le grec le disait formellement, et l'étude comparative que l'on fit, ligne par ligne, des trois inscriptions diverses, acheva bientôt de le démontrer.

» Notre orientaliste célèbre, M. de Sacy, fut le premier qui sut jeter quelque jour sur ces inscriptions égyptiennes, et qui y retrouva le nom d'Alexandre en écriture cursive; mais une étude plus attentive du docteur Young, membre de la Société Royale de Londres, lui permit de déchiffrer la plupart des lignes hiéroglyphiques. Le nom de *Ptolémée*, qui se montrait souvent dans les trois inscriptions, fut spécialement reconnu. On le retrouva depuis, sur d'autres inscriptions égyptiennes, également traduites en grec; et dès-lors on put déjà, apprécier quelle était la bonne foi de ceux qui, nonobstant divers passages des anciens et le livre encore existant d'*Horus-Apollon*, prétendaient que les Grecs n'avaient jamais entendu les Hiéroglyphes des Egyptiens, et que la lecture de ces Caractères était perdue pour jamais.

» Mais un nouvel échec menaçait encore ces mêmes Savans à systèmes. Ils avaient tenu peu de compte des Inscriptions latines, gravées sous les Romains, et qui indiquaient la dédicace et la construction toute moderne du Portique de Dendérah et d'autres monumens analogues.

» Ils établissaient, que ces inscriptions avaient été mises après coup, et que les Bas-reliefs de Style égyptien, étaient seuls authentiques, seuls d'une antiquité avérée.

» Et cependant, dans ces mêmes Bas-reliefs de la plupart des temples, et notamment dans une des façades entières du temple de Dendérah, dans une des portes triomphales à Thèbes, et en beaucoup d'autres lieux, on retrouvait le nom des *Ptolémées* et des *Bérénices*, écrits en hiéroglyphes mêmes : on voyait ces noms, dans les lieux les plus apparens des pylones et des façades, où on les trouve, répétés un nombre infini de fois, entourés de tous les emblêmes de la victoire, formant enfin, comme la décoration de ces édifices.

»Il fallut donc encore, admettre que beaucoup de ces Bas-reliefs égyptiens étaient modernes, ou du moins postérieurs à Alexandre. Il fallut abandonner les Temps du roi *Menés*, et de ces trois cent trente Rois, se succédant de père en fils, dont nous parle le crédule Hérodote, ou que cite Manéthon. Il fallut pressentir, que personne ne voudrait plus croire à cette antiquité de quatre mille ans avant Jésus-Christ, que l'on avait osé donner à certains Zodiaques, encore actuellement parfaitement conservés, nous disait-on !!! Il fallut enfin, rentrer dans la Chronologie jusqu'alors reçue, et à laquelle la véritable science astronomique ne changera jamais rien, nous osons l'affirmer.

»De nouvelles découvertes néanmoins, se succédaient chaque jour, dans cette terre savante de l'Egypte. Des architectes habiles, et dont les yeux n'étaient point aveuglés par les rêves de Dupuis, y pénétraient, et exploraient jusqu'aux ruines, encore inconnues, de la *Nubie*.

»Dans ces contrées mêmes, ils trouvaient des Temples, dûs aux Ptolémées, et des Inscriptions en leur honneur. Versés dans l'art des constructions, ils distinguaient les parties de ces édifices, construites à diverses époques. Ils reconnaissaient que le corps même du temple, le sanctuaire de quelques-uns, étaient du temps des Pharaons, mais ils constataient que les portiques, les salles accessoires, étaient de construction grecque.

»Tout faisait donc reconnaître, que ces Zodiaques de forme égyptienne, retrouvés sur des Portiques aussi modernes, ne pouvaient être aussi anciens qu'on le disait; tout démontrait, qu'ils avaient dû être tracés, sous l'influence de l'école célèbre d'Alexandrie.

»Il ne restait plus qu'à le prouver, par des considérations puisées dans l'état même, du Ciel qu'ils nous présentent, et, par des calculs directs et astronomiques : nous croyons l'avoir fait, dans un écrit publié en 1821, et antérieur aux travaux de M. le docteur *Young* et de *M. Champollion*, et dans un autre écrit de 1822, écrit qui va suivre la réimpression actuelle de cet article. »　　　　　(Ch.ᵉʳ de P.—1855.)

EXTRAIT DU QUARTLY REVIEW,

TOME XVIII, P. 78, AN 1823.

A l'occasion des Livres de MM. *Saulnier, Saint-Martin,* et de nos *Nouvelles Considérations* sur le Planisphère de Dendérah, ce Recueil offre un court article, fort indigne de la haute réputation de ce Journal étranger, article, dont les conclusions seules sont vraies, et que nous donnons ici, à peu près littéralement traduit.

» M. *de Paravey*, dans sa brochure, rend compte, d'une manière intéressante, des divers argumens et des conclusions des Savans français, sur les Zodiaques d'Egypte. Il termine, en disant: qu'il croit positivement, avec *Pococke* et *Visconti*, que si l'exécution du plafond de *Dendérah* est égyptienne, l'idée ingénieuse qui a su combiner si harmonieusement, les huit hommes agenouillés, et les quatre femmes debout, pour supporter le Planisphère, est grecque et purement grecque, et même d'un style très-élevé. . . .

» Quelle que soit l'antiquité de ce Planisphère, nous sommes pleinement convaincus, qu'il n'offre aucune indication quelconque d'un caractère astronomique; qu'il n'a aucun rapport avec la position du soleil dans l'écliptique; et qu'il ne présente, qu'une énumération confuse des figures qui retracent les constellations du Zodiaque, placées il est vrai, dans leur série régulière, mais réunies ensemble, sans distance, sans division, sans signes qui puissent distinguer, où l'une finit et où l'autre commence. On ne peut donc rien conclure de certain, quaut à son antiquité, d'un document d'une nature ausssi grossière. Il n'y a même aucun danger, que la chronologie de l'Écriture en soit ébranlée, quoique le *comte de Forbin*, directeur des Musées, prévoie clairement, les grands changemens que ce Zodiaque de *Dendérah* pourrait apporter dans la Chronologie religieuse; et quoique M. *Jomard* croie avoir prouvé (à sa satisfaction du moins), que son antiquité remontait à plus de quinze mille ans, avant notre ère. »

NOUVELLES
CONSIDÉRATIONS
SUR
LE PLANISPHÈRE DE DENDÉRAH,
MONUMENT
TRANSPORTÉ A PARIS, AU COMMENCEMENT DE L'ANNÉE 1821,
ET SEULEMENT ACCESSIBLE A NOS MESURES, APRÈS QU'IL EUT ÉTÉ ACQUIS POUR LA FRANCE, PAR S. M. LOUIS XVIII.

LORSQU'EN 1821 j'ai publié l'Aperçu de mes mémoires sur les Zodiaques égyptiens, je n'avais pu étudier ces monumens que sur des dessins dont l'exactitude, quoique réelle, ne m'était pas démontrée; et cependant, m'attachant spécialement au Planisphère et au grand Zodiaque de Dendérah, j'avais établi, dès cette époque, 1° qu'une graduation précise, une méthode géométrique avaient été suivies pour la projection des constellations dans les deux Zodiaques(1): 2° que le centre du Planisphère et son plan de projection répondaient au pôle et au plan de l'équateur, pour une époque voisine de notre ère : 3° enfin, que le colure des solstices, dans ce plafond comme dans celui du temple de Palmyre, comme dans tout plafond zodiacal circulaire, devait se confondre, soit avec l'axe nord et sud passant par le centre de ce plafond, soit avec l'axe même du monument (2).

(1) Page 375, Rapport de M. Delambre sur mes Mémoires, Tome VIII des *nouvelles Annales de voyages*; et page 21 de ce Rapport, réimprimé ici. (VOIR, le deuxième mémoire de ces *Illustrations astronomiques*.)

(2) Pag. XLI, ancien *Aperçu de mes Mémoires*; pag. 50, ici, 1ᵉʳ mémoire; et pag. CXXVI du savant Discours préliminaire, du grand ouvrage de M. le baron Cuvier, édit. in-4°, ou p. 273, édit. in-8°, année 1830.

Ces principaux résultats viennent, ce me semble, d'être confirmés par le travail de M. Biot : il est vrai que se conformant aux judicieuses réflexions de M. Delambre (auxquelles je me soumets moi-même, ayant vu le Planisphère original), et employant le mode fort simple de projection ou de développement que le savant secrétaire de l'Académie a indiqué (1), M. Biot n'a pas fait usage de la Projection stéréographique, projection que j'avais provisoirement admise, n'étant pas certain de l'exactitude des dessins, mais voyant bien qu'une loi mathématique y avait été suivie.

Il est vrai aussi que, tandis que j'avais pris l'axe du temple pour colure des solstices, M. Biot aurait pu choisir, *d'après ma théorie même*, l'axe vrai d'orientation de la salle du Pla-

(1) Page 376 de son ancien rapport (Tom. VIII, *N. Ann. de Voy.*) et p. 22 à 23 ici, rejetant la projection stéréographique (indiquée par nous comme un simple aperçu, puisqu'en ce moment même l'impression de nos Mémoires n'a pas encore eu lieu), M. Delambre dit : «Ayant une par-»tie considérable de la sphère à représenter sur un plan, le dessinateur »aura choisi tout naturellement celui de l'équateur. Il aura placé au centre »le pôle boréal, autour duquel il aura dessiné les différentes constella-»tions dans l'ordre de leur passage au méridien, à des distances po-»laires, à peu près égales aux distances réelles, autant du moins qu'il »pouvait les estimer... Peut-être aussi, a-t-il suivi les distances à l'équateur »ou les déclinaisons, telles qu'il pouvait les connaître : c'est ce dont il est »impossible de s'assurer, puisqu'il n'a indiqué la place d'aucune étoile. » Or, c'est ce mode fort simple de projection, que nous avions nous-même indiqué à M. Delambre, comme encore suivi dans les Cartes célestes *de l'Encyclopédie Japonaise* ou du *San-tsay-tou*, qui a été effectué par M. Biot, sur le monument qu'il a eu long-temps à sa disposition. C'est ce mode de projection, que nous employons nous-même ici, et avec plus de précision, il nous semble, que M. Biot; mais dans ce travail, et à l'inverse de cet Académicien, nous n'attachons aucune importance à la place, qu'occupent les étoiles disséminées sur le Planisphère; ces étoiles n'y étant marquées, que comme de simples *Indicatifs* du nom des constellations. Pour nous, le lieu qui correspond au cœur du Lion du Planisphère est la véritable étoile de *Régulus*, le front du Capricorne est la véritable place de l'étoile surnommée *Caper*, et il en est ainsi des autres étoiles remarquables.

nisphère, et que voyant passer cet axe nord et sud par le col du Capricorne, il eût pu en déduire tous ses triangles sphériques, avec plus de probabilités qu'il n'en peut apporter, pour les lieux où il place son *Antarès* et son *Fom-al-haut*.

Mais il est non moins certain, que ce même Académicien, outre tous ses autres avantages, a joui sur moi d'une préférence inappréciable; qu'il a pu librement opérer sur le monument même, aussitôt qu'il a été amené à Paris; tandis que cette faveur m'a été deux fois refusée, et que je n'ai pu voir le Planisphère, qu'au moment où Sa Majesté, avec une munificence toute royale, en a fait enfin l'acquisition.

Quoi qu'il en soit à cet égard, et quelque flatteur qu'il puisse être pour moi de voir M. Biot, par la précision du système de projection de M. Delambre (système que j'admets, je le répète), venir en quelque sorte démontrer les principes généraux que j'avais posés, je ne puis être d'accord avec lui, sur le lieu qu'il assigne au colure des solstices, ni sur l'âge qu'il attribue à ces monumens importans.

Dès 1820, en effet, j'ai comparé les monumens de Dendérah, au globe Farnèse (ce que vient de faire aussi, sans daigner me citer, M. l'abbé *Halma*, bien qu'il connût mon travail), j'ai vu dans ces monumens égyptiens, l'ouvrage de l'*Ecole d'Alexandrie*; j'y ai retrouvé la Sphère et l'horizon d'*Hipparque* ou d'*Aratus*; et tous ces premiers résultats de mes calculs, je persiste à les soutenir *vrais et seuls fondés*; et j'ose me flatter, maintenant que j'ai pu, aussi-bien que M. Biot, voir et mesurer par moi-même le plafond de Dendérah, que j'établirai en peu de pages, ces importans résultats; et que je pourrai faire voir que si, peu certain de l'exactitude des dessins alors connus, j'avais commis quelque erreur de détail dans mes premiers aperçus, je ne m'étais pas trompé du moins, dans le fond même de mes assertions.

Le Planisphère de Dendérah, tous les esprits droits l'admettront, ne peut en effet s'expliquer seul, comme l'a fait M. Biot: il faut que l'on explique en même temps, le Zodiaque du grand Portique, qui offre les mêmes constellations principales et accessoires , qui est de la même exécution , et qui a évidemment la même date.

Or , c'est ce grand Zodiaque rectangulaire, où les solstices et les équinoxes (je l'avais reconnu depuis long-temps) , sont marqués de la manière la plus claire et la plus précise : ce sont d'autre part , les résultats que donne la projection de M. Delambre, sur la position de l'Épervier sur un sceptre, *emblême de Sirius*, dans l'axe même de la salle du Planisphère, qui ont dissipé avec la vue du monument, toutes les difficultés qui pouvaient encore me rester après mes premiers travaux ; et ce sont là, les principales considérations qui m'empêchent, plus que jamais, de changer les dates que j'avais provisoirement indiquées.

J'avais déjà reconnu en 1820, que le grand Zodiaque du portique devait être gradué avec une fort grande précision : j'y avais indiqué des *femmes* toutes semblables entre elles, qui séparent les principales Constellations, qui ont une étoile *sculptée* au-dessus de la tête, et qui, d'une de leurs mains, semblent montrer, sur un point précis de l'Écliptique, soit un lever d'étoile , soit une division de signes.

Les anciens donnant 12° de largeur, à leur zone zodiacale; j'avais vu après divers tâtonnemens, que la hauteur même de ces femmes , mesurée jusqu'à l'étoile qui les surmonte , équivalait à 12 degrés de l'Écliptique, et pouvait ainsi servir d'échelle fort commode et toute naturelle : j'avais reconnu, d'après cette échelle, que l'on avait donné, à chacune des deux faces du monument , *l'étendue de plus de sept signes* (1), et non

(1) Ainsi, par exemple, Hipparque nous dit : que la constellation du Capricorne finit de se lever, par les belles étoiles de sa queue, avec 9°27' de l'écliptique : c'est ce que peint cette femme, qui appuie sa houlette sur la queue du petit Capricorne, dans une des faces du Zodiaque, et ce qui justifie l'étendue de plus de six signes , de cette face, qui commence avec le Cancer, c'est-à-dire au troisième signe, celui dont sortait le solstice d'été. Et , quant à la femme, ici figurée avec une houlette, et qui semble mener paître le Capricorne, elle peut se rapporter à la constellation 女 *Niu*, ou LA FEMME, une des XXVIII de la Chine, celle où le Dict.ᵣᵉ *Eul-ya* met le Solstice d'hiver, et dont nous avons déjà parlé p. LI de notre ancien Aperçu , et p. 37 ici, 1ᵉʳ Mémoire de ces *Illustrations Astronomiques*.

pas de six; et j'avais vu que c'était, afin de pouvoir y sculpter
en entier, les levers des signes du Zodiaque , tels que les donne
Hipparque , et tels que j'en offrirai le tableau complet dans
mes Mémoires.

A 90 degrés à très-peu près , du globe qui sort de la bouche
de la grande Isis (globe que je supposais figurer le solstice
d'hiver), j'avais trouvé l'équinoxe d'Hipparque , marqué précisément à 4° en longitude, en avant de la corne du Bélier,
comme l'avait observé ce grand astronome , et désigné, non-
seulement, par une de ces *femmes* surmontées d'une étoile
sculptée , mais encore , par une multitude d'étoiles peintes
(*Voyez* l'Atlas de M. Denon) , étoiles, qui , suivant Dupuis lui-
même , désignent en ce lieu, l'origine des temps , ou le point
équinoxial ; et, sous cette femme de division, ou sous la corne
même du Bélier, j'avais vu, dans une des barques inférieures,
l'*Harpocrate assis sur le lotus*, autre symbole connu, du Soleil
lors de son lever et de l'équinoxe du printemps, époque, où le
soleil , passant des signes inférieurs dans les signes supérieurs ,
se lève pour ainsi dire, d'une manière plus remarquable qu'en
aucun autre jour (1).

Toujours sur la même face du monument, à quatre-vingt-

(1) Dans le Mémoire qui suit celui ci , p. 33 , nous donnons le caractère Chaldéo-Chinois, 昴 *Mao*, de ce symbole de l'équinoxe; symbole com-
plexe, formé de 日 *Je*, SOLEIL, et de 卯 *Mao*, FLEUR QUI S'ÉPANOUIT
AU LEVER DU SOLEIL, comme le fait le LOTUS, et aussi nom de la IV° heure
antique, celle du LEVER DE CET ASTRE. Ici , ce symbole . rendu à Dendérah , soit sur le Zodiaque du grand portique, soit sur le Planisphère ,
par un enfant accroupi, au-dessus d'une fleur épanouie de *Nelumbo* ou
de *Lotus*, est placé sous la Corne d'*Aries* ou du Bélier, lieu de l'équinoxe
d'Hipparque. Or, dans l'antique Sphère des temps voisins du Déluge de
Ty-Ko et d'*Yao*. le *Chou-King* donne ce nom 昴 *Mao*, à la constellation des *Pleyades*, et il y place l'équinoxe du printemps; et . dans les
Sphères usitées encore au Japon, et emportées de la Chaldée, *les Pleyades*
continuent à porter ce même nom 昴 *Mao*. Il est donc évident, que
les anciens Egyptiens. comme les Chaldéens, avaient connu le déplacement des équinoxes. qui des *Pleyades*. étaient arrivés alors . au temps

dix degrés de cet emblême de l'équinoxe, en remontant vers
le Cancer, j'avais trouvé une des *femmes* de division, *tournant
le dos à toutes les autres figures*, et semblant ainsi marquer *ta
Trope* ou *la conversion d'été*. Cette *femme* remarquable, symbole parlant du solstice, semblait attendre le lever de Sirius, figuré un peu plus loin. Elle était située non loin de
Pollux, second des Gémeaux, et elle touchait presque le lo-
sange d'étoiles γ, η, θ, δ, connues sous le nom de la Crèche, au
milieu de la constellation du Cancer, et qui sont ici sculptées
et non pas peintes.

Or, ce carré d'étoiles, forme une constellation spéciale dans
toute la Haute-Asie, et on lui donne le même nom 鬼 *Kouey*,
que celui qu'on donne au carré d'étoiles de la grande Ourse
魁 *Kouey*; de sorte que ces noms et ces figures analogues,
comme nous venons de le voir, pourraient peut-être expliquer,
comment, dans le Planisphère de Dendérah, le Cancer occupe
au propre, la place de la grande Ourse, et est remplacé en son
lieu, par un homme à bec d'oiseau, qu'on retrouve dans les
Sphères Coptes si curieuses, publiées par Kirker (*OEdipe*, T. II,
p. 160; T. III, p. 208), sphères, qui ont encore plusieurs autres
rapports avec les plafonds de Dendérah. (VOIR, notre *Atlas.*)

Sur l'autre face de ce même Zodiaque du portique, à 180
degrés environ, du Cancer abaissé vers le nombril d'Isis (symbole du solstice d'été), et ne me laissant pas induire en erreur
par ce petit Capricorne, sur lequel une femme appuie sa houlette, et qui n'est que l'emblême de la fin de son lever (nous
l'avons dit); j'avais vu, vers *la croupe du Sagittaire*, l'autre
Solstice, marqué également de la manière la plus claire et la
plus symétrique, par un *Homme*, qui, avec une longue flèche,
paraît, *en tournant aussi le dos à toutes les autres figures*, im-
moler un Bœuf, dont la cuisse est déjà coupée ; homme

d'*Hipparque*, dans la *Corne d'Aries*, c'est-à-dire, avaient parcouru un Signe
entier du Zodiaque; mais Hipparque et les peuples, à écriture alphabétique,
tels que les Grecs, n'étaient pas initiés sans doute, à cette antique astronomie hiéroglyphique.   (*Note, ajoutée en* 1835. *P.*)

qui a, ce semble, le bec de l'Aigle, constellation solsticiale au temps d'Hipparque.

Or, je savais que de tout temps, dans la haute Asie, le solstice d'hiver spécialement, s'était célébré par le sacrifice d'un Bœuf (p. 53, *Eloge de Moukden, De Guignes*). En Egypte, je voyais Hérodote, mentionner ce sacrifice solennel d'un bœuf, auquel on coupe les cuisses, nous dit-il (*Euterpe*, liv. II). Parmi les 28 stations lunaires des Coptes et des Arabes, je voyais celle qui répond aux belles étoiles α et β de la tête du Capricorne, être encore nommée actuellement *Bras du sacrifice*, ou aussi *Bras de celui qui assomme* (Ideler, pag. 192, *Recherches sur les constellations des Arabes*). Je n'ignorais pas d'ailleurs, que dans la Haute-Asie, c'est-à-dire dans la sphère du *Japon* et de la *Chine*, on place un Bœuf 牛 *Niéou*, dans la tête de notre Capricorne (tome X, p. 25, *Mémoires des Savans étrangers*), les Arabes, mettant la Chèvre, dans les étoiles de sa queue seulement, comme cela a lieu à Dendérah, dans ce Zodiaque du portique. (1)

(1) Lorsque nous reconnaissions ici, dès 1821 et 1822, le symbole du Solstice d'hiver, dans *ce Bœuf immolé et sans cuisse*, placé dans les étoiles en forme de V, qui répondent à la tête de *notre Capricorne actuel* (suivant l'antique Sphère orientale, conservée en Chine), nous connaissions déjà, le plafond astronomique d'un des Tombeaux des Rois, dessiné dans LE GRAND OUVRAGE SUR L'EGYPTE, et qui offre le même sacrifice, c'est-à-dire un Taurobole, célébré en grande pompe au solstice d'hiver, et de là, sans doute, dessiné dans le ciel : et nous ne pouvions supposer que M. Biot, s'emparant, en 1831 et 1834, d'un dessin analogue rapporté de THÈBES, et trouvé au RHAMESSÉUM par feu M. Champollion, au lieu d'un solstice d'hiver, verrait dans ce monument du Rhamesséum, un *Equinoxe vernal*, de l'an 3285 avant notre ère ! ! ! C'est là cependant, la grande découverte que cet Académicien vient de faire, et qui, imprimée dans les mémoires de l'Académie des Sciences, avec les *Recherches sur l'année vague des Egyptiens*, du même auteur, semble y braver tous les efforts de la critique.

On peut consulter les *pages* 86, 101 *et* 107 de ces *Recherches;* et l'on y verra, avec quelle habileté, M. Biot sait transformer une ancienne cérémonie solsticiale, en un Equinoxe, observé dans les Hyades, en l'an 3285, Avant J. C., c'est-à-dire, 938 ans avant le Déluge.

Il est vrai, que pag. 101, sous ce symbole du Taureau immolé et sans

Je retrouvais ce bœuf ici, et dans l'homme qui l'immole avec une flèche, je voyais évidemment le Ganymède ou l'Antinoüs (1) de nos sphères, qui tourne aussi le dos au Sagittaire; qui est, comme celui-ci, voisin de sa croupe; qui a aussi une flèche, et dont le nom même, indique encore le solstice (2) plutôt que le nom du favori d'Adrien.

Mais ces solstices et ces équinoxes, marqués par des emblêmes si évidens et si reconnaissables, c'étaient ceux de la

cuisse, M. Biot retrouve la phrase hiéroglyphique qui, formée du *Bras étendu* et de *la Ligne ondulée* ou de *l'eau*, indique la Trope ou l'action *de se retourner*, suivant feu M. Champollion; mais cette phrase, si importante, ne l'arrête en rien. Elle indique seulement suivant lui, qu'il faut plier, sous une forme cylindrique, le roc immense qui fait le plafond de ce tableau, et elle ne marque en rien lesolstice ! ! !

Ce curieux mémoire de M. Biot, qui a été également lu à l'*Académie des Inscriptions*, nous a été caché avec soin, même long-temps après son impression ; mais nous le connaissons enfin. Ce peu de mots le réfute déjà suffisamment : et, si l'on nous objectait que le Rhamesséum existait déjà, vers l'an 14 à 1500 avant notre ère, nous remarquerions que le solstice d'hiver a parcouru la constellation *du Capricorne* de l'an 2018, à l'an 335 avant J.-C. ; de sorte, qu'à l'époque où les conjectures placent Rhamsès III, le Solstice et l'immolation du Bœuf, répondaient déjà à ce signe du Capricorne, comme il y répondait encore, vers les temps d'Hipparque, et vers l'époque de la Sphère, qui est sculptée sur les deux plafonds de Dendérah et que nous expliquons ici. (*Note, ajoutée en mai*, 1835.)

(1) Antinoüs, nom dont l'étymologie en grec, donne précisément, une idée analogue à celle de la rétrogradation du soleil au solstice, et qui, plus ancien sans doute que le célèbre favori d'Adrien, étant en cette situation placé sous l'Aigle où passait le colure du solstice d'Hipparque, est figuré dans un médaillon du Cabinet du Roi, comme enlevé par cet aigle ou griffon, et doit sans doute, être le même que Ganymède, ou Antinoüs antique, fils de Priam suivant la Fable.

(2) Je ne parle pas de l'équinoxe d'Automne, parce que, vu le peu d'exactitude du dessin de cette face du monument, je doute encore, si l'Épi qui y figure, répond à l'étoile α de la constellation de la Vierge, ou à une autre étoile voisine et de même nom, comme dans le Planisphère ; or, l'équinoxe d'Hipparque était à 6° de l'épi actuel de la Vierge, et son colure équinoxial passait par l'étoile φ du dos du Centaure, étoile où l'on suppose une Balance 衡 *Heng*, dans la Haute-Asie. Cette Balance, qui fut ensuite

sphère d'Hipparque; c'étaient ceux qui étaient peints par des filets de marbre tracés sur le globe Farnèse, globe célèbre, que supporte un Atlas, agenouillé, comme le sont précisément, huit des figures au nombre de douze, qui supportent le planisphère de Dendérah.

Cependant, n'étant pas certain de l'exactitude du dessin de ce Planisphère; croyant que le Sagittaire y avait été trop reculé vers le Capricorne; ayant fait abstraction de la véritable orientation du temple, que j'avais cru ici, modifiée par quelque accident du terrain; ayant voulu d'ailleurs, me soumettre aux deux axes de la salle même du Planisphère, ainsi que le permet le Zodiaque sculpté *à Palmyre*, où l'édifice est exactement orienté; je n'avais pas trouvé, en traçant les colures suivant les axes principaux du temple de Dendérah, cet accord complet, que je sentais devoir exister entre les deux monumens.

Le dessin était exact cependant, et son exactitude fait même beaucoup d'honneur aux savans ingénieurs du Corps où je sers, MM. Jollois et de Villiers. C'était moi qui, sur ce Planisphère, me trompais et qui, au lieu de mettre la belle étoile de *Sirius* (chef des astres, chez les Ethiopiens et les Chaldéens, comme chez les Arabes et en Egypte), sur *l'axe même de la salle du Planisphère*, et d'en faire, comme le premier méridien du plafond, ainsi que le prescrit Ptolémée, quand (liv. vii de la *Syntaxe*) il enseigne à construire un Globe Céleste à pôles mobiles, m'obstinais à mettre dans cet axe, le colure même des solstices.

Rectifié à cet égard, par la projection qu'a effectuée M. Biot, d'après M. Delambre et d'après moi, projection que mon nouveau système modifie bien peu, j'ai placé Sirius même, et

transportée dans le Zodiaque des Grecs, et mise dans les serres du Scorpion, pourrait donc être celle qui se voit sur cette face, et elle pourrait répondre à l'équinoxe d'automne, si l'Épi, ce qui ne se peut guères, était autre que celui d'Hipparque.

Nous le répétons, cette moitié du grand Zodiaque, nous a semblé copiée avec peu de soin, et nous croyons le dessin de M. Denon plus exact.

non plus l'étoile *η* de la queue, où passait le colure d'Hipparque, dans l'axe précis de la salle du Planisphère (1).

J'ai calculé son ascension droite, qui s'est trouvée à deux minutes près, de 2 signes 18°, pour le temps d'Hipparque. L'équinoxe devait donc être à 12 degrés vers le sud, de l'axe transversal du temple, et non pas à 17 degrés comme l'établit M. Biot; et, en effet, à 2ˢ 18° de Sirius, à 12° de l'axe transversal, je suis tombé, *avec une précision parfaite*, sur le

(1) On a voulu, nous le savons, contester le fait, que Sirius fût figuré chez les Egyptiens, par cet Epervier sur un sceptre que l'on voit dans les deux Zodiaques de Dendérah, mais nous avions établi positivement, que ce symbole était bien celui de Sirius, dans les Mémoires manuscrits que nous avions remis à M. Delambre, que M. Arago a demandé, et qu'il a gardés long-temps à l'Observatoire; Mémoires où, à l'aide principalement des Constellations de la Haute-Asie, nous expliquions presque toutes les Constellations du Planisphère de Dendérah.

Outre la précision assez grande, avec laquelle nous voyions, dans le grand Zodiaque du portique, cet *Épervier* sur une Base, et la vache d'Isis qui le suit, répondre à la distance de 3ˢ 16° et de 3ˢ 18° sur l'écliptique (arcs qui mesurent, ceux du lever cosmique des étoiles *α* et *γ* du grand Chien, où ces deux divinités étaient placées), nous observions que *Sirius*, soleil des étoiles, et dont le nom, nous dit *Lalande*, s'est aussi prononcé *Siris*, c'est-à-dire presque *Osiris*, avait pu, aussi bien que le *soleil*, être figuré hiéroglyphiquement, tantôt par le Loup et le Chackal, aux yeux brillans la nuit (ainsi que cela avait lieu dans la Chaldée, et que cela subsiste encore au Japon, où il est nommé 狼 *Lang*, espèce de Loup ou de Chien); tantôt figuré également par l'Épervier, ou le Hibou, dont les yeux dissipent aussi l'obscurité, et qui est un autre emblême connu, du soleil et d'Osiris, ou Sirius, chef des Etoiles.

Nous allions même plus loin encore, nous expliquions peut-être, l'Arbre ou le Sceptre, la Base où il est posé, en observant que dans Procyon, qui paraît à l'horizon un peu avant Sirius, les Arabes placent encore un Arbre, un Sycomore, arbre nommé 柳 *Liéou* ou le *Saule*, et mis dans la tête de l'hydre au Japon, et figuré aussi, mais déplacé, dans le Planisphère copte de Kirker, où il porte également un Oiseau.

Nous insistions enfin, d'après le P. Gaubil, sur cet Oiseau rouge si remarquable, que la Haute-Asie ou la Chine, admet dans toute cette région du ciel, et qui répond à cet immense Lion, que les Arabes y mettent également. (Voir M. de Sacy, sur Ideler, *Journal des Savans*.)

milieu de cet *Harpocrate placé sur le lotus épanoui,* que l'on trouve vers l'est, sur le bord du Planisphère, et que M. Biot lui-même, *bien que son colure n'y passe pas,* a reconnu comme symbole de l'équinoxe du printemps; sur cet *Harpocrate* ou astre 昴 *Mao* mobile de la Haute-Asie, heure du lever du soleil, que nous présente aussi le grand Zodiaque du portique, pour point équinoxial, et qui, dans les deux monumens, correspond également, à l'alignement, passant par la *corne précédente d'Aries,* équinoxe d'Hipparque (1).

La précision n'a pas été moins grande, quand, traçant le colure des solstices, à 12° de l'axe principal du temple ou du premier méridien de Sirius, j'ai vu, qu'il passait (comme cela avait lieu du temps d'Hipparque), en avant du front du Capricorne, et près de la queue du Sagittaire, ainsi qu'on l'observe aussi, dans le globe Farnèse, et dans le grand Zodiaque du portique; et que de l'autre part, il laissait les Gémeaux vers l'est, et venait toucher l'homme à bec d'oiseau, surmonté de quelques étoiles, qui remplace ici le Signe du Cancer, signe qui avait le nom antique et la forme, *du quarré de la grande Ourse* répondant au-dessus du Lion, et qui, de là, a été placé dans le lieu que devrait occuper notre Grande-Ourse, nous l'avons déjà dit (*Voir* ci-avant, p. 18 de ce Mémoire).

J'ai pu alors, tracer la courbe de l'écliptique particulière à ce genre de développement de la Sphère, et j'ai vu cette courbe, ainsi construite avec précision, sur les colures des solstices que je venais de fixer, passer, *comme cela a lieu dans le globe Farnèse* et dans les Sphères de toute époque, par la bouche du Capricorne et le haut de son dos; par les cuisses du Verseau et au-dessous du Vase qu'il incline; je l'ai vue couper ensuite, le Lien des Poissons ou le fil qui les unit; venir passer sous le Bélier, traverser le Taureau entre les Hyades et les Pleyades, atteindre les pieds des Gémeaux, passer avec une précision parfaite par le cœur et les jarrets de derrière du

---

(1) Voir la note développée, p. 17 de ce Mémoire, et ces Zodiaques Egyptiens, publiés dans notre Atlas, aussi-bien que ceux de *Kirker.*

Lion, raser les pieds de la Vierge, ici redressée; entamer le Scorpion, ici figuré *par un Cheval marin ou un Hippopotame couronné, offrant un Vase* (1); toucher enfin le Sagittaire, par le haut de son arc et par ses épaules; et nous donner ainsi, en venant se refermer en avant du front du Capricorne, la vérification la plus positive de tout notre système.

Une autre vérification était encore facile : c'était de tracer les 12 méridiens, correspondant aux points de division des 12 signes, pour l'époque d'Hipparque que nous retrouvions ici : et le premier de ces méridiens, après celui du solstice d'été, venait passer en effet, avec une très-grande précision, par *Régulus*, ou le cœur du Lion, qui se trouvait situé à 4 signes, ou 120° moins 10′, au temps d'Hipparque, et qui touchant en outre l'Ecliptique, a été de tout temps une étoile fort remarquée.

Le deuxième venait passer, un peu après, l'étoile β de la queue du Lion, que notre projection amène en effet sur sa queue, étoile, où les Arabes mettent leur constellation *el Serfa* ou celle qui frappe, qui renverse, nous dit *Ideler*, et où, dans

---

(1) On a contesté aussi, cette position du Scorpion des Grecs, que démontre cependant encore, la longitude qu'occupe la même figure dans le Zodiaque du portique. Il est vrai, que M. Biot a eu tort d'en faire comme la base de sa théorie, et de substituer au *Vase* qu'il semble offrir un *Cœur* qui n'y a jamais été. Il devait au contraire, conclure de ses autres résultats, qu'en ce lieu, se trouvait réellement le Scorpion. Et, s'il avait observé que les Arabes, dans la station lunaire qui répond au front du Scorpion, mettent aussi une Couronne ou un haut Bonnet, *El-Iklil;* que les Indous, dans la même station, placent ce qu'ils nomment une Offrande aux Dieux, ou leur constellation *Anourádha;* que dans la Haute-Asie et au Japon on y met un *Cheval* 天 *Tien*, 馴 *Sun*, cheval de fleuve et Typhonien, qui ne peut être que l'Hippopotame ou le *Cheval marin*, emblème équivalent du Scorpion et du Dragon en Egypte, et désignant aussi l'idée du mal. (Voyez p. 32. De la Réfutation de M. Biot, Mémoire ci-après.); s'il avait remarqué enfin, que dans le pied d'Ophiucus le plus voisin du Sagittaire, on place dans la Haute-Asie, un Poisson 魚 *Yu*, et non loin de là, des Tortues et d'autres animaux analogues, il aurait pu peut-être empêcher toute objection, à l'égard de ce déplacement qui bien que singulier, n'en est pas moins certain.

le Zodiaque du portique, on voit une femme, qui en effet semble frapper le Lion.

Le quatrième passait en avant de l'*Antarés*, dont nous avons parlé; le cinquième en avant de l'arc du Sagittaire, tandis que suivant la Sphère d'Hipparque, ce dernier devait passer dans l'arc même et la pointe de sa flèche; il semblait donc ici, y avoir erreur dans notre projection; et cette erreur nous serait sans doute reprochée, si nous ne faisions voir qu'elle confirme au contraire l'exactitude de notre système.

Dans la Haute-Asie en effet, la constellation 斗 *Téou* (Voir l'*Encyclopédie japonnaise, Description du Ciel*, LIV. II, *p*. 8), qui commence vers l'étoile λ du Sagittaire, où répond l'Arc du Planisphère de Dendérah, se nomme aussi 天 *Tien* 機 *ky*, ou RESSORT DU CIEL, et nous montre, que cet Arc était, dans la sphère antique, moins avancé vers le Scorpion.

Aux étoiles *n*, ε, γ, δ, de la Flèche et de notre Arc actuel, répond *une Barque* dans la même sphère, et cette barque nous la voyons, sur la bordure du Planisphère, dans l'alignement du lieu où devrait être la pointe de la flèche du Sagittaire grec, et dans le lieu même, du cinquième méridien d'Hipparque (*Voir* p. 31, T. II, *Astr. chinoise, Gaubil*, recueil du P. *Souciet.*)

Cette anomalie apparente est donc complétement expliquée : et, comme, *dans la haute Mitre du Sagittaire de Dendérah*, notre projection amène les étoiles *o*, *n*, *m*, *l*, de l'Ecu de Sobiesky, où la H.^{te} -Asie met la constellation 天 *Tien* 弁 *pien*, ou *Bonnet céleste;* comme vers son Aile, tombent les étoiles *e* et *f*, où la Haute-Asie met la *Poule céleste* 天 *Tien* 雞 *ky* (1), et qu'ici, à Dendérah, nous voyons un Cygne ou un animal analogue, et que les Arabes, encore actuellement, y placent *des Autruches qui vont boire*, on voit, qu'on ne peut plus nier l'identité de toutes ces Sphères.

____

(1) VOIR, Tome X, Acad. des Sciences, *Mémoires des savans étrangers*, le Planisphère Chinois, de M. de GUIGNES fils, avec deux planches : et aussi, dans MORRISSON, *Dictionnaire Tonique*, la Sphère chinoise, Traduction de M. REEVES, Sphère offrant les caractères Chinois.

Les autres méridiens principaux, passaient d'ailleurs très-exactement : près de l'épaule α du Verseau ; dans le carré de Pégase, ici dessiné trop petit ; auprès des Pleyades du Taureau, et vers Orion, ce géant du ciel égyptien, qui, sur le Planisphère de Dendérah, marche armé du fléau, et appuyé sur un sceptre, en avant de l'Épervier de Sirius ; c'est-à-dire que ces méridiens, passaient dans tous les lieux, où correspondaient, sur la sphère des Grecs, les méridiens principaux d'Hipparque (1).

J'avais donc ainsi, la réelle époque de cette Sphère de Dendérah. J'avais les solstices et les équinoxes d'Hipparque (2). J'avais les mêmes colures, que ceux qui sont donnés par la graduation du portique ; graduation, établie sur une fort grande échelle, nous le répétons. Je retrouvais ces mêmes solstices, que nous offre le globe Farnèse, globe que M. Halma a reproduit d'après mon indication, qui est gravé dans le Manilius de *Bentley* et dans le recueil de *Gory*, et que nous donnons ici, dans notre Atlas.

J'obtenais donc avec la plus grande précision, les résultats que je pressentais depuis plusieurs années. Je voyais le Planisphère, m'offrir les Ascensions droites et les Distances po-

(1) Voir dans notre Atlas, ces douze Méridiens, tracés par nous sur le Planisphère de Dendérah.

(2) J'ai parlé, p. XLIII de mon ancien Aperçu, et ici, p. 31, Iᵉʳ Mémoire, de la Sphère et des Globes d'Aratus, et ailleurs, de l'époque de Tibère ; et l'époque d'Hipparque, à laquelle j'arrive maintenant, n'est pas au fond, différente de celle d'Aratus, ni de Tibère ; car le peu de précision des observations d'Hipparque lui-même et des Globes de cette époque, et l'ignorance où l'on était, chez les Grecs du moins, de la Précession des équinoxes, soupçonnée à peine par Hipparque, et seulement établie, *inexactement encore*, par Ptolémée, fait que l'on ne peut *à deux ou trois cents ans près*, rien dire de précis à cet égard. Cela explique, comment, différant de 5° seulement avec M. Biot, pour le lieu de mes colures, j'arrive cependant, au temps d'Hipparque, et à près de 600 ans, au-dessous de la date fixée par M. Biot : cette époque d'Hipparque, m'étant spécialement donnée, par le Tableau des levers et couchers, qu'offre le grand Zodiaque du portique, dont l'échelle serait fort précise, si l'on avait le monument, ou du moins ses mesures exactes.

laires, telles qu'avait dû les observer Hipparque. Je trouvais
dans le grand Zodiaque du portique, le Livre des levers et des
couchers de cet antique astronome (au moins pour les 12 Signes du zodiaque).

Là, étaient marquées les distances des principales étoiles en
longitude ; Aldébaran, par exemple, où l'œil même du Taureau, à 1ˢ 10° de longitude : Sirius avec sa tête de chien, au
lieu de l'Epervier du Planisphère, à 2ˢ 15°; Pollux à 2ˢ 23°.
L'étoile x, du vase du Verseau, à 10ˢ 9° 40', et ainsi de plusieurs autres.

Là, étaient tracés les levers cosmiques des principales
étoiles : de *Régulus*, marqué à 4ˢ de longitude, par Osiris
assis dans une barque entre Isis et Horus ; du cœur de l'Hydre,
figuré à 4ˢ 11°, par un Serpent sortant d'un Lotus ; de Sirius,
à 3ˢ 16°; de γ du chien, ou de la vache d'Isis qui suit Sirius,
à 3ˢ, 18° (*Voyez* ici, le dessin de M. Denon).

Là, dans la verticale de l'Epervier sur un Sceptre, emblème
de Sirius, et dans la petite zone d'hiéroglyphes inférieure, se
voyait un Poisson tout semblable à celui de Fom-al-Haut, tel
qu'il se trouve dans le Planisphère ; or précisément au temps
d'Hipparque, et pour l'horizon de Rhodes qui était le sien,
le poisson Fom-al-Haut se couchait, quand Sirius se levait
cosmiquement ; et nous pourrions encore, indiquer d'autres
oppositions pareilles.

Là enfin, se trouvait peint peut-être, le Lever héliaque de
l'étoile d'Isis, dont la tête ombragée par des rayons, surmonte
un Temple, que la sphère du Japon semble avoir conservé
dans la constellation 內 *Nouy* 屏 *ping*, c'est-à-dire *mur qui
est devant la porte du palais*, qu'elle place dans la tête de la
Vierge : lever héliaque, qui avait lieu plus d'un mois après le
solstice d'été, au moment où les eaux du Nil débordaient, ce
que marque la femme qui verse de l'eau de deux vases, et
celle qui tient une longue tige de lotus, un peu en avant de
ce temple ; au moment où les vents Étésiens soufflaient, ce
qui est marqué dans le Planisphère, par cette *femme qui tire
de l'arc* et que nous avons retrouvée dans la proue du navire

Argo ; où est la constellation 孤 *Hou* 矢 *chy*, qui a le même sens d'*Archer*, dans la sphère de la Chine et du Japon (1).

Il est vrai que, par cette détermination de l'âge d'Hipparque, pour ce monument, mon colure des solstices, s'écartait de l'axe nord et sud, qui est celui de M. Biot, de 5° environ : mais le soleil reste quelque temps dans la région solsticiale, et ce n'est qu'abstractivement qu'on suppose, pour le lieu du solstice, un point fixe et précis : ces cinq degrés, par exemple, pouvaient répondre aux cinq jours complémentaires, ou à l'antique division de l'Équateur en 365° $\frac{1}{4}$, et l'on sent, qu'ils n'ôtent rien, à la force du principe général d'orientation, que j'ai établi le premier.

Et, quant à la superposition des étoiles obtenue par M. Biot, cette superposition devenait encore plus exacte par ce déplacement de son Colure; puisque, dans les Cartes mêmes dressées par lui, on voit les étoiles α, β, γ, du Bélier, trop éloignées du pôle vers l'est, tomber au-dessous de cet astérisme; tandis que, mon nouveau pôle de l'équateur, étant plus avancé vers l'est que celui de M. Biot, par rapport à l'écliptique, les distances polaires des étoiles du Bélier, deviennent moindres que celles de la sphère de M. Biot, et donnent, pour les étoiles α,β,γ, des points, marqués sur notre dessin, et qui tombent sur le Bélier même, comme cela doit avoir lieu en effet. Du reste, sauf ce léger déplacement de l'équateur de M. Biot, s'il part d'un point moins avancé que moi en rétrogradation, comme toutes ses Ascensions droites, calculées pour une époque plus ancienne, sont aussi plus courtes que les miennes, on voit que la superposition des étoiles sud et nord, est à peu près la même, dans les deux systèmes (2).

(1) Voir, p. 19 du *Rapport* de M. Delambre ; et T. X, p. 17, des *Mémoires des Savans étrangers*, indiqués ci-avant ; et liv. II, Partie du Ciel, *Encyclopédie Japonaise*.)

(2) Dans ma projection, les étoiles α et β de la naissance des cornes du Capricorne, tombent même, beaucoup mieux que celles de M. Biot, à la naissance de ses cornes en effet ; et celle de l'œil, tombe aussi sous l'œil du

Je pourrais le démoutrer, en discutant les traces des tropi-
ques et de l'équateur, comme je l'ai fait pour celles de l'é-
cliptique. Je rendrais raison alors, de plusieurs autres anoma-
lies qui semblent exister dans le Planisphère. Je montrerais,
avec les détails les plus étendus, plus de vingt constellations
qui se retrouvent exactement, dans le Planisphère, à la même
place que dans la sphère de la Haute-Asie ou du Japon. Tel ce
crochet du pôle, 勾 *Keou* 陳 *tchin,* qui répond à celui qu'au
Japon, on met dans le pied de Céphée et dans la queue de
notre petite Ourse. Tel ce *roi assis sur un trône,* qui remplace
Ophiucus et l'étoile α d'Hercule. Tel *ce Minotaure sous la
Vierge*: ce *Porc que tient une femme, dans un cercle,* et plusieurs autres encore, comme l'Arc et sa flèche, le Sacrifice
d'hommes, etc., que j'ai indiquées ailleurs : mais j'ai déjà
parlé suffisamment, de quelques-unes de ces constellations.

Il me suffit ici, d'avoir démontré que toute la science pro-
fonde, attribuée aux Egyptiens dans ces monumens de Dendérah, n'est autre sans doute, que celle des Grecs, déguisée sous
les emblêmes hiéroglyphiques de l'Egypte.

Il me suffit, d'avoir justifié ainsi, les assertions aussi justes
que sages du respectable M. Delambre, à l'égard de toute
cette science des Egyptiens, qui n'a pas été assez précise, pour
fournir une seule observation, digne d'être citée par Ptolémée
dans son grand ouvrage, ou qui du moins, lui est restée totalement cachée.

Il me suffit, en employant, pour l'époque d'Hipparque, ce
développement ingénieux de la Sphère, que ce savant académicien avait indiqué (p. 22 à 23 de son *Rapport* sur mes Mémoires), d'avoir (non moins que M. Biot, qui lui doit cer-
tainement, malgré ses dénégations, la même idée), rendu
raison, de la plupart des constellations du Planisphère.

J'ai tracé sur ce Planisphère, un cercle qui répond à celui
des étoiles toujours invisibles, pour un climat de 36°, qui était
celui de Rhodes et celui d'Hipparque, tel qu'on peut le con-

Capricorne du Planisphère. (*Voyez* le dessin de ce Planisphère, donné
avec nos projections, dans notre ATLAS.)

clure aussi des Levers et Couchers marqués dans le grand Zodiaque du portique ; et ce cercle, a placé tout naturellement hors de la Sphère, ces 36 ou 37 figures accompagnées d'étoiles, qui répondent à celles qu'on voit sur des barques , dans le grand Zodiaque du portique, et qui ne sont autre chose que des *Décans*, comme l'a dit M. Visconti, comme nous pourrons le démontrer un jour ; Décans la plupart dénommés, d'après les Constellations qui répondaient à leurs divers alignemens , et dont les noms en effet, ont été lus, tels que les donne Scaliger, par M. Champollion le jeune, et vérifiés par nous.

On s'étonnera sans doute, qu'à Dendérah, pour une latitude de 26°, on ait tracé une Sphère, qui suppose un pôle élevé de 36° ; mais Ptolémée à Alexandrie, à une latitude de 31°, calculait de même, tous ses exemples pour Rhodes, Climat qu'il regardait, comme celui du milieu de la Terre ; et il avait fait, nous dit-on, graver ses Calculs astronomiques dans les grottes de Canope ; si donc, par impossible, on retrouvait maintenant ces grottes, on y verrait des calculs, établis pour Rhodes, dont la hauteur du pôle est de 36° environ , et non pas pour la latitude même du lieu ; et c'est précisément, ce que nous voyons à Dendérah.

Nous croyons donc, avoir à peu près, discuté tous les points principaux de cette belle et importante question. M. Biot, en supposant que la déviation de l'axe du temple, est de 17° vers l'ouest, a trouvé que la façade devait donner l'alignement du lever de Sirius : nous admettons cette remarque ingénieuse, et nous accordons même, que, voulant consacrer cet Edifice à Isis, dont l'étoile γ, indiquée par Eratosthène , est toute voisine de celle de Sirius, on a pu orienter et fonder ainsi ce Temple, dès l'époque des anciens Rois d'Egypte.

Mais quant aux Zodiaques qui s'y trouvent, leur graduation même , maintenant incontestable dans le Planisphère amené à Paris , et qui est non moins certaine et beaucoup plus sensible dans celui du grand portique, nous démontre, qu'ils sont dûs à l'école d'Alexandrie, et qu'ils sont postérieurs à Hipparque.

A cette époque, les Ptolémées faisaient encore sculpter des façades entières de Temples, et cela à Thèbes comme à Dendérah. Sur le Temple de Dendérah, leur nom, *bien connu maintenant*, couvre des faces entières de l'édifice, et sur le plafond même du Planisphère, à la gauche des pieds de la grande Isis, M. Champollion étendant les belles découvertes du docteur Young, et confirmant nos idées et nos preuves astronomiques, a lu le titre *Autocrator* (1), donné à Néron, sur les médailles frappées par cet empereur, tandis qu'à Esné, il retrouvait les noms de Claude et de Commode.

Nous avons insisté, sur le style même, de la sculpture de ces monumens, bien qu'embellis beaucoup par les graveurs; nous persistons à croire ici, avec Pockoke et M. Visconti, et avec des peintres habiles, qui ont vu avec nous le Planisphère, arrivé enfin à Paris et exposé au Louvre en premier lieu, que, si l'exécution même de plafond de Dendérah est égyptienne, l'idée ingénieuse qui a su combiner aussi harmonieusement les huit hommes agenouillés et les quatre femmes debout, pour supporter le Planisphère, est grecque et purement grecque, et même d'un style très-élevé, malgré sa faible exécution.

Ces hommes agenouillés, ces Atlas ou ces Osiris et ces Isis, avec les bras élevés et supportant le Globe du monde, n'étaient point certes, des figures faciles à tracer; cependant leur esquisse, sur un grès fort tendre, est ferme et assez pure. Les détails des mains et des articulations sont grossiers et peu soignés, mais malgré ces défauts, aucun rapport n'existe entre le style de ces Atlas et celui des Figures ou Statues de granit rouge que contient aussi notre Musée, et qui nous offrent le véritable *faire* des antiques Egyptiens.

Mais, ce n'est pas en si peu de mots, et par des profanes tels que nous, que des questions d'art aussi délicates, peuvent se traiter. Nous savons que des artistes habiles doivent le faire, et nous leur laissons ce mérite.

(1) Voyez le Cartouche épelé, tracé sur notre dessin réduit du Planisphère de Dendérah, dans notre Atlas.

Nous avons voulu ici envisager ces Monumens sous les seuls rapports astronomiques. On exigeait des calculs précis, des considérations purement géométriques; et nous croyons en avoir établi et d'assez positives, pour déterminer la conviction de tout homme de bonne foi.

Nous traiterons peut-être un jour, des Zodiaques d'Esné, que l'on a voulu faire plus anciens que ceux de Dendérah, et ce sera dans le Planisphère amené à Paris, que nous trouverons encore la preuve de leur peu d'antiquité, qui d'ailleurs, a été démontrée depuis que nous avions écrit ces lignes, par les noms de CLAUDE et de COMMODE, qu'offrent ces temples d'Esné, avons-nous dit.

Nous terminons ces considérations sommaires, en formant de nouveau le vœu, que l'on fasse mesurer avec précision, en Egypte, le grand zodiaque du portique de Dendérah, dont nous avons des copies, fidèles sans doute, mais qui ne le sont pas assez pour arriver, à quelques minutes près, à la position des étoiles, telles qu'on les a figurées dans ce beau monument.

Or, nous sommes convaincus, vu la grandeur de l'échelle sur laquelle il est construit, et le mode fort simple de sa projection qui n'est qu'un simple déroulement du Zodiaque, qu'on peut arriver facilement à ce degré de précision. Le Planisphère étant gradué et construit géométriquement, il ne peut plus rester de doutes sur la précision, beaucoup plus grande, que doit offrir le grand Zodiaque du même Temple, nous le répétons encore.

Il serait donc à désirer, qu'on nous donnât enfin, les distances précises qu'ont entr'elles, toutes les figures qu'on y voit et qu'on ordonnât cette vérification non moins facile qu'importante, vérification, qui, nous pouvons l'affirmer, viendra mettre le comble à l'évidence de nos démonstrations.

Paris, 10 août 1822, et 19 avril 1835.

Ch.^{er} DE PARAVEY.